BEI GRIN MACHT SICH IHR WISSEN BEZAHLT

- Wir veröffentlichen Ihre Hausarbeit, Bachelor- und Masterarbeit

- Ihr eigenes eBook und Buch - weltweit in allen wichtigen Shops

- Verdienen Sie an jedem Verkauf

Jetzt bei www.GRIN.com hochladen und kostenlos publizieren

Sven-David Müller

Diätetik und Ernährungstherapie bei Hyperurikämie und Gicht

GRIN Verlag

Bibliografische Information der Deutschen Nationalbibliothek:

Die Deutsche Bibliothek verzeichnet diese Publikation in der Deutschen National-
bibliografie; detaillierte bibliografische Daten sind im Internet über http://dnb.d-
nb.de/ abrufbar.

Impressum:

Copyright © 2011 GRIN Verlag GmbH
Druck und Bindung: Books on Demand GmbH, Norderstedt Germany
ISBN: 978-3-640-84558-3

Dieses Buch bei GRIN:

http://www.grin.com/de/e-book/166786/diaetetik-und-ernaehrungstherapie-bei-
hyperurikaemie-und-gicht

GRIN - Your knowledge has value

Der GRIN Verlag publiziert seit 1998 wissenschaftliche Arbeiten von Studenten, Hochschullehrern und anderen Akademikern als eBook und gedrucktes Buch. Die Verlagswebsite www.grin.com ist die ideale Plattform zur Veröffentlichung von Hausarbeiten, Abschlussarbeiten, wissenschaftlichen Aufsätzen, Dissertationen und Fachbüchern.

Besuchen Sie uns im Internet:

http://www.grin.com/

http://www.facebook.com/grincom

http://www.twitter.com/grin_com

Diätetische Therapie bei Hyperurikämie und Gicht:

Sven-David Müller

Zusammenfassung

Hyperurikämie und Gicht sind typische Wohlstanderkrankungen, die in den westlichen Industrieländern immer häufiger auftreten und daher – allein oder ergänzend durch medikamentöse Therapie – diätetisch zu behandeln sind. Da sich beide Erkrankungen oftmals im Rahmen des metabolischen Syndroms manifestieren, steht eine hypokalorische Ernährung zum langsamen Abbau des Körperfetts im Mittelpunkt. Daneben ist die purinarme Ernährung ein wichtiger Bestandteil der diätetischen Therapie, wofür sich bevorzugt eine ovo-lakto-vegetabile Kost eignet. Um die Ausscheidung der Purinkörper nicht zu behindern, sind Alkoholika, insbesondere Bier, zu meiden. Zugleich sollten die Betroffenen aber mindestens zwei Liter Flüssigkeit pro Tag zu sich nehmen.

Schlüsselwörter

Hyperurikämie, Gicht, diätetische Therapie, metabolisches Syndrom

Der Deutschen Herz-Kreislauf-Präventionsstudie zufolge leiden 4 Prozent der Frauen und 19 Prozent der Männer in Deutschland an Hyperurikämie. Wie eine Berechnung des Bundesministeriums für Gesundheit (1993) ergeben hat, verursachte die Gicht 1990 direkt und indirekt Kosten in Höhe von 522 Millionen D-Mark.

Krankheitsbild

Der Begriff „Gicht" geht auf den angelsächsischen Ausdruck „Ghida" zurück und bedeutet übersetzt Körperschmerz. Die Gicht ist die Manifestation der Hyperurikämie in Form akuter, anfallsartiger Gelenkschmerzen. Hyperurikämie und Gicht sind durch eine erhöhte Harnsäurekonzentration im Blutserum (Kasten 1) sowie durch Ablagerung von Harnsäurekristallen, sogenannten Uraten, in den Gelenken, den Schleimbeuteln, den Sehnenscheiden, dem subkutanen Fettgewebe sowie den Nieren gekennzeichnet.

Die Harnsäure ist das Endprodukt des Purinstoffwechsels (Abb.). Purinkörper sind als Grundbausteine in der DNA und RNA und den Nukleotiden enthalten. Täglich können unter normalen Voraussetzungen rund 350 mg Harnsäure ausgeschieden werden, mehr zwei Drittel davon über die Niere. Die Harnsäurekonzentration im Plasma steigt proportional mit der in der Nahrung zugeführten Purinmenge an (Wolfram 1999). Vom Zeitpunkt der Pubertät an nimmt die Harnsäurekonzentration – insbesondere bei Männern – zu, bis ein Plateauwert erreicht ist.

Ursachen

Je nach Ursache lässt sich zwischen einer primären und einer sekundären Hyperurikämie bzw. Gicht unterscheiden. Mehr als 90 Prozent der Erkrankungen entstehen primär infolge einer genetisch determinierten Schwäche der Nierentubuli, Harnsäure auszuscheiden. Dadurch steigt der Harnsäurespiegel im Blut (Hyperurikämie), was wiederum zur Ablagerung von Uraten in den Gelenken und anderen Geweben führt. Diese primäre Form wird vorwiegend polygen vererbt, manifestiert sich in der Regel aber erst bei purinreicher Ernährung und Übergewicht. Die sekundäre Hyperurikämie oder Gicht ist Folge anderer Erkrankungen, die mit einer Anhäufung von Harnsäure im Körper einhergehen, wie beispielsweise Leukämien, hämolytische Anämien, Karzinome oder Niereninsuffizienz. Sehr selten, bei weniger als einem Prozent der Betroffenen, ist die Gicht durch einen angeborenen Enzymdefekt bedingt.

Manifestation der Gicht

Ist der Harnsäurespiegel im Blut ständig erhöht, kristallisiert die Harnsäure in den Gelenken, Weichteilen und Nieren (Uratsteine) aus. Bis zu einem gewissen Grad bleibt die Hyperurikämie symptomlos. Ab einem Harnsäuregehalt von 9 bis 10 mg/dl im Serum ist in mit einem akuten Gichtanfall zu rechnen, der sich meist als eine akute, stark schmerzhafte Monoarthritis äußert. Diese tritt vorwiegend nachts auf und betrifft am häufigsten das Großzehengrundgelenk: Die Betroffenen haben das Gefühl, die Bettdecke nicht mehr ertragen zu können. Dieses Phänomen wird auch als „Podagra" bezeichnet. Andere bevorzugte Manifestationsorte sind das Sprunggelenk, Kniegelenk und Daumengrundgelenk („Chiragra"). Die von Gicht betroffenen Gelenke sind hoch schmerzhaft, die umgebenden Weichteile sind geschwollen, die Haut darüber ist gerötet und überwärmt. Bleibt die Hyperurikämie unbehandelt, kommt es zu rezidivierenden Gelenkentzündungen, die über die zunächst betroffenen Gelenken hinausgehen. Aus den akuten, meist spontan verklingenden Gichtanfällen wird die chronische Gicht. Es treten Defekte an den Gelenkknorpeln und gelenknahen Knochen mit Deformierung der Gelenke auf. Auch an der Haut können sich Urate ablagern. In der Niere können sich Uratsteine bilden, auf dem Boden von Uratablagerungen kann als weitere Manifestation der chronischen Gicht eine interstitielle Nephritis entstehen.

Vorkommen und Risikofaktoren

Die Gicht ist vor allem eine Krankheit erwachsener Männer. Frauen sind nur in rund fünf Prozent der Fälle betroffen (Kelley et al. 1989). Gresser et al. (1990) zufolge hat die durchschnittliche Harnsäure-Konzentration im Serum bei Männern in den letzten Jahren deutlich mehr zugenommen als bei Frauen. Dies ist auch auf die in der Regel fleischreichere Ernährung von Männern zurückzuführen. Korrespondierend zum Anstieg der mittleren Harnsäurespiegel im Blut ist auch die Gicht in den letzten Jahrzehnten in Deutschland – im Zuge des steigenden Wohlstands und zunehmender Fehlernährung – häufiger geworden. Vor allem Patienten mit Diabetes mellitus, insbesondere vom Typ 2, sowie mit Hypertonie, Adipositas, Hyperlipoproteinämie und/oder Gefäßerkrankungen leiden überdurchschnittlich häufig an Gicht. Oft treten Hyperurikämie und Gicht im Rahmen des metabolischen Syndroms auf (Müller 1999). Begünstigend wirken Adipositas, Alkoholkonsum und purinreiche Ernährung.

Adipositas

Adipositas ist assoziiert mit erhöhten Serum-Harnsäurespiegeln und dem Auftreten von Gicht (Ashley et al. 1974). Die Prävalenz der Hyperurikämie steigt mit erhöhtem Broca-Index signifikant an (BMG 1993). Bei übergewichtigen Patienten kann durch Gewichtsreduktion die Harnsäurekonzentration im Blut gesenkt werden. Der Mechanismus ist nicht bekannt. Zu beachten ist, dass unter extrem hypokalorischer Ernährung (weniger als 1000 Kilokalorien täglich) oder Fasten (auch sogenanntes Heilfasten) kataboliebedingt ein akuter Gichtanfall ausgelöst werden kann. Ersatzweise kann proteinmodifiziertes Fasten durchgeführt werden. Zudem kommt es beim normalen Fasten oder Heilfasten zur extremen Bildung von Ketonkörpern, die eine verminderte Harnsäureausscheidung zur Folge haben.

Alkohol

Alkoholkonsum kann einen Gichtanfall auslösen. Im Vergleich zu gesunden Kontrollpersonen fand Gibson (Gibson et al. 1983) bei Menschen, die an Gicht erkrankt waren, einen signifikant höheren Alkoholkonsum. Die Serum-Harnsäurekonzentration bei Männern ist positiv assoziiert mit der Alkoholaufnahme (Loenen 1990). Im Zuge des Abbaus von aufgenommenen Alkohol entsteht Laktat, das die Harnsäuresekretion im proximalen Tubulussystem der Nieren hemmt. Auch steigert Alkohol die Harnsäuresynthese. Außerdem enthalten Alkoholika, insbesondere Bier, Purine, die den Harnsäurespiegel deutlich ansteigen lassen können.

Purinreiche Ernährung
Purine werden im Körper zu Harnsäure abgebaut. Daher kann die exogene Purinzufuhr den Harnsäurespiegel beeinflussen. Besonders purinreich sind Kleinfische wie Sardinen, Hefe, Soja, Fleisch und Fleischwaren sowie Brühe (weitere Angaben siehe Tabelle 1). Purine aus der Nahrung erhöhen dosisabhängig die Serumharnsäurekonzentration und die renale Harnsäureausscheidung.

Therapie
Die Therapie der Hyperurikämie und Gicht hat die Normalisierung der Serum-Harnsäurekonzentration zum Ziel. Aufgrund der bekannten Risikofaktoren bilden diätetische Interventionen die Hauptsäule der Therapie, die, wenn notwendig, um medikamentöse Maßnahmen ergänzt werden muss.

Medikamentöse Therapie
Der akute Gichtanfall wird mit entzündungshemmenden Schmerzmitteln (beispielsweise Indometacin) und Colchizin, einem Extrakt der Herbstzeitlosen, behandelt. Nur in schweren Fällen ist zusätzlich die Gabe von Glukokortikoiden notwendig. Zur Dauertherapie stehen Urikostatika und Urikosurika zur Verfügung. Erste hemmen die Harnsäuresythese, während letzte die renale Harnsäureausscheidung steigern. Vornehmlich kommen Urikostatika wie zum Beispiel Allopurinol® zum Einsatz.

Diätetische Therapie
Die diätetische Therapie der Hyperurikämie und Gicht besteht insbesondere aus einer purinarmen Ernährung. Diese zeichnet sich aus durch
o Alkoholkarenz
o reichliche und gleichmäßige Flüssigkeitszufuhr (mehr als zwei Liter pro Tag)
o ovo-lacto-vegetabile Kost ((ovo = Eier, lacto = Milch/Milchprodukte – eine vegetarische Ernährungsweise, die Milch, Milchprodukte und Eier einschließt)) mit maximal 100 g Fleisch (inklusive Fisch oder Geflügel) täglich (300 bis 500 mg Harnsäure*/Tag)
o geringe Aufnahme von bestimmten Zuckeraustauschstoffen (Sorbit, Xylit und Fruktose)

Leiden die Betroffenen an Adipositas, so ist zusätzlich eine langsame Gewichtreduktion anzustreben. Kasten 2 gibt eine Übersicht über die empfohlene Nährstoff- und Energiezufuhr für Menschen mit Gicht. Die in Tee und Kaffee enthaltenen Methypurine werden nicht zu Harnsäure abgebaut. Daher sind Tee und Kaffee erlaubt. Beim Kochen von purinreichen Lebensmitteln geht ein Teil der enthaltenen Purine in das Kochwasser. Bei der strengen Form der purinarmen Kost wird die tägliche Harnsäurezufuhr auf maximal 300 mg begrenzt, bei der milden Form können täglich 300 bis 500 mg Harnsäure aufgenommen werden. Obsolet ist die Forderung nach einer Purinaufnahme von maximal 120 mg pro Tag. Nicht sinnvoll ist es auch, eine wöchentliche Aufnahmemenge, zum Beispiel von 3000 mg Harnsäure pro Woche, zu empfehlen. Diese Vorgabe kann von Patienten so ausgelegt werden, dass sie sich über mehrere Tage hinweg sehr purinarm ernähren, um und dann innerhalb von ein bis zwei Tagen größere Mengen zu sich zu nehmen, die einen akuten Gichtanfall auslösen können.
Oftmals sind vegane Nahrungsmittel relativ purinreich (beispielsweise Soja). Es ist in diesem Zusammenhang bemerkenswert, dass die Menschen in Mitteleuropa während der Notjahre 1944 bis 1947 kaum an Gicht erkrankten, obwohl sie sich mancherorts sehr viel von purinreichen pflanzlichen Nahrungsmitteln, unter anderem Hefen (beispielsweise Torulahefe) und Sojamehl, ernährten. Ebenso erkranken Vegetarier vergleichsweise selten an Gicht.

Purine, die in Verbindung mit pflanzlichen Lebensmitteln aufgenommen werden, scheinen demnach weniger belastend zu sein als solche aus tierischen Produkten (Heepe 1998). Daraus folgt, dass purinreiche pflanzliche Nahrungsmittel den Patienten nicht vorenthalten werden müssen. Optimal ist eine ovo-lacto-vegetabile Kost.

*
_____

Obwohl die Harnsäure erst im Körper gebildet wird, lässt sich anhand eines Harnsäureäquivalents berechnen, wie viel Harnsäure sich aus den mit der Nahrung aufgenommenen Purinkörpern ergibt. Das Harnsäureäquivalent bezeichnet die maximale Harnsäuremenge, die aus einer Menge Purin N nach maximaler Oxydation aller Purinbasen entstehen kann. Umrechnungsfaktor ist 2,4. Dem Ernährungsbericht der Deutschen Gesellschaft für Ernährung (DGE 1996) zufolge verfügt ein Mensch in Deutschland täglich im Durchschnitt über 422,4 mg Harnsäure aus der aufgenommenen Nahrung.

Schlussfolgerung

Überhöhte Harnsäurespiegel im Blut und Gicht treten in den Wohlstandsländern mit steigender Häufigkeit auf. Die Erkrankung ist zwar im Wesentlichen genetisch bedingt, offenbar spielen aber Faktoren des Lebensstils, dabei vorrangig die Ernährung, eine krankheitsfördernde Rolle. Die Therapie der Hyperurikämie und Gicht besteht in der Ausschaltung begünstigender Faktoren wie purinreiche Kost, Überernährung und Alkoholkonsum. Ergänzend dazu kann auch eine medikamentöse Therapie erforderlich sein: beim akuten Gichtanfall mit Colchizin sowie zur Dauertherapie mit Allopurinol®, das die Harnsäureentstehung hemmt.

Literatur

Ashley F. W./Kanne, W. B.: Relation of weight change to charges in atherogentic traits: the Framingham Study, Journal of chronic diseases, 27 (1974) : 103–114

Bundesministerium für Gesundheit (BMG): Ernährungsabhängige Krankheiten und ihre Kosten.1993, S. 120–122

Deutsche Gesellschaft für Ernährung e. V. (DGE): Ernährungsbericht 1996. Frankfurt, 1996, S. 26

Drynda, K./Scherbaum, W. A.: Purin und Pyrimidinstoffwechsel. In: Thiemes Innere Medizin (TIM). Thieme, Stuttgart – New York, 1999, S. 344

Gibson T./Rodgers, A. V./Simmonds, H. A. et al.: A controlles study of diet in patients with gout. Annals of the rheumatic diseases, 42 (1983) : 123–127

Gresser U./Gathof, B./Zollner, N.: Uric acid levels in southern Germany in 1989, A comparsion with studies from 1962, 1971 and 1984. Klinische Wochenschrift, 68 (1990) : 1222–1228

Heepe, F.: Diätetische Indikationen. Springer, Heidelberg, 1998, S. 237

Kelley W. N. et al. In: Harrison (ed.): Prinzipien der Inneren Medizin. Schwabe, Basel, 1989, S. 1915–1925

Loenen H. M.: Serum uric acid correlates in eldery men and women with special reference to body composition and dietary intake. Journal of clinical epidemiology, 43 (1990) : 1297–1303

Müller, S.-D.: Genussvoll essen bei Gicht, Midena, München, 1999, S. 12

Tunali, G.: Leitfaden der Diätetik. Verlag Kirchheim, Mainz, 1999

Wolfram, G. Hyperurikämie und Gicht. In: Huth K./Kluthe R.: Lehrbuch der Ernährungstherapie. Thieme, Stuttgart – New York, 1995

Wolfram, G.: Ernährung. In: Thieme´s Innere Medizin (TIM). Thieme, Stuttgart – New York, 1999, S. 1994

Autorenanschrift
Sven-David Müller, M.Sc, Diätassistent und Diabetesberater DDG, Haddamshäuser Weg 4a, 35096 Weimar an der Lahn, www.svendavidmueller.de, diaetmueller@web.de

((Abbildung))
Abb.: Harnsäurepool des Menschen (nach Wolfram 1995)

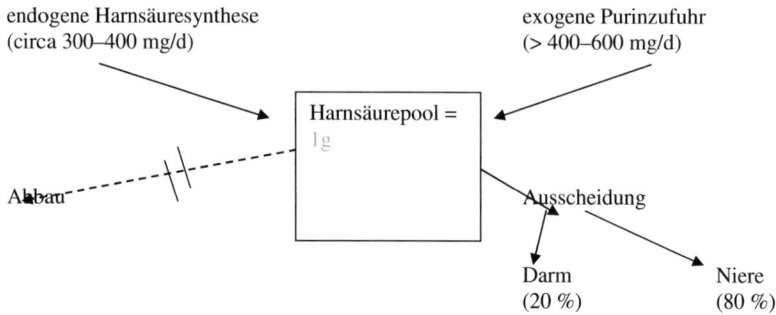

endogene Harnsäuresynthese
(circa 300–400 mg/d)

exogene Purinzufuhr
(> 400–600 mg/d)

Harnsäurepool =
1 g

Abbau

Ausscheidung

Darm
(20 %)

Niere
(80 %)

Tabelle: Purinreiche Lebensmittel

Lebensmittel mit > 75 mg Purin N/100 g (1)

Kalb Bries gegart	489,0 mg/100 g	104,7 kcal/100 g
Hefe	400,0 mg/100 g	288,0 kcal/100 g
Weizen Keim	281,0 mg/100 g	313,8 kcal/100 g
Steinpilz getrocknet	200,0 mg/100 g	148,9 kcal/100 g
Schwein Lunge gegart	168,0 mg/100 g	101,6 kcal/100 g
Stockfisch tiefgefroren	159,0 mg/100 g	333,2 kcal/100 g
Sprotte geräuchert	154,0 mg/100 g	225,6 kcal/100 g
Sprotte frisch	147,0 mg/100 g	214,6 kcal/100 g
Sardine gegart	132,0 mg/100 g	138,4 kcal/100 g
Schwein Niere gegart	130,0 mg/100 g	114,7 kcal/100 g
Vegetarische Pasteten	130,0 mg/100 g	212,2 kcal/100 g
Schwartenmagen	126,0 mg/100 g	180,7 kcal/100 g
Sardine geräuchert	122,0 mg/100 g	126,0 kcal/100 g
Sojaeiweiß texturiert (TVP)	120,0 mg/100 g	285,1 kcal/100 g
Kichererbsen getrocknet	119,0 mg/100 g	325,3 kcal/100 g
Forelle frisch gegart Fischzuschnitt	115,0 mg/100 g	122,6 kcal/100 g
Sojamehl (entfettet) entbittert	115,0 mg/100 g	196,7 kcal/100 g
Jacobsmuschel	110,0 mg/100 g	77,0 kcal/100 g
Lachsfische gegart	105,0 mg/100 g	98,2 kcal/100 g
Renke frisch gegart Fischzuschnitt	105,0 mg/100 g	109,9 kcal/100 g
Rind Niere gegart	105,0 mg/100 g	101,6 kcal/100 g
Forelle geräuchert	105,0 mg/100 g	120,0 kcal/100 g
Pfifferling getrocknet	104,0 mg/100 g	120,2 kcal/100 g
Sardelle gesalzen	102,0 mg/100 g	94,9 kcal/100 g
Rind Herz gegart	99,0 mg/100 g	102,5 kcal/100 g
Rind Leber gegart	97,0 mg/100 g	147,0 kcal/100 g
Kalb Leber gegart	96,0 mg/100 g	146,5 kcal/100 g
Schwein Leber gegart	96,0 mg/100 g	123,3 kcal/100 g
Pferd Fleisch gegart	93,0 mg/100 g	154,4 kcal/100 g
Kalb Niere gegart	93,0 mg/100 g	116,4 kcal/100 g
Brathähnchen Leber gegart	93,0 mg/100 g	146,7 kcal/100 g
Sardine Konserve in Öl	90,0 mg/100 g	266,3 kcal/100 g
Gans Fleisch mit Haut frisch gegart	85,0 mg/100 g	279,2 kcal/100 g
Schaf Kotelett (mf) frisch gegart	81,0 mg/100 g	259,1 kcal/100 g

Suppenhuhn Schenkel frisch gegart	81,0 mg/100 g	303,5 kcal/100 g
Gans Schenkel frisch gegart	81,0 mg/100 g	186,2 kcal/100 g
Matjeshering gesalzen	80,0 mg/100 g	282,0 kcal/100 g
Sojafleisch mit Gewürzen Trockenprodukt	78,0 mg/100 g	305,2 kcal/100 g
Lammkotelett gebraten (R)	75,7 mg/100 g	285,3 kcal/100 g

Lebensmittel mit < 3.1 mg Purin N/100 g (1)

Obstmischung Fruchtnektar	3,0 mg/100 g	71,9 kcal/100 g
Emmentaler Vollfettstufe	3,0 mg/100 g	383,4 kcal/100 g
Obstmischung Konserve abgetropft	3,0 mg/100 g	106,8 kcal/100 g
Schnittkäse halbfest Rahmstufe	3,0 mg/100 g	323,1 kcal/100 g
Blauschimmel Rahmstufe	3,0 mg/100 g	358,5 kcal/100 g
Schnittkäse halbfest Doppelrahmstufe	3,0 mg/100 g	425,2 kcal/100 g
Chester	3,0 mg/100 g	367,6 kcal/100 g
Pfirsich Fruchtnektar	3,0 mg/100 g	59,8 kcal/100 g
Bergkäse Vollfettstufe	3,0 mg/100 g	384,1 kcal/100 g
Apfel Fruchtnektar	3,0 mg/100 g	64,5 kcal/100 g
Birne Fruchtnektar	3,0 mg/100 g	67,6 kcal/100 g
Aprikose Fruchtnektar	3,0 mg/100 g	58,3 kcal/100 g
Greyerzer	3,0 mg/100 g	406,1 kcal/100 g
Bier	3,0 mg/100 g	42,3 kcal/100 g
Stilton Doppelrahmstufe	3,0 mg/100 g	461,8 kcal/100 g
Eclairs mit Sahne gefüllt aus Brandmasse	3,0 mg/100 g	294,2 kcal/100 g
Jarlsberg Vollfettstufe	3,0 mg/100 g	349,4 kcal/100 g
Gorgonzola	3,0 mg/100 g	356,6 kcal/100 g
Raquelette Rahmstufe	3,0 mg/100 g	343,0 kcal/100 g
Bier mit Limonade	3,0 mg/100 g	33,9 kcal/100 g
Kastanienbrot glutenfrei	3,0 mg/100 g	177,6 kcal/100 g
Parmesan	3,0 mg/100 g	440,2 kcal/100 g
Bier alkoholfrei (<0,5Gew% Alkohol)	3,0 mg/100 g	25,6 kcal/100 g
Bier Pils Hell	3,0 mg/100 g	42,3 kcal/100 g
Danablu Rahmstufe	3,0 mg/100 g	345,4 kcal/100 g
Romanosalat frisch	3,0 mg/100 g	16,0 kcal/100 g
Gurke frisch	3,0 mg/100 g	12,2 kcal/100 g
Gurke frisch gegart	3,0 mg/100 g	12,4 kcal/100 g
Grapefruit Fruchtnektar	3,0 mg/100 g	64,3 kcal/100 g
Kopfsalat frisch	3,0 mg/100 g	11,7 kcal/100 g
Radicchio frisch	3,0 mg/100 g	13,6 kcal/100 g
Tomate rot frisch	3,0 mg/100 g	17,4 kcal/100 g
Kürbis frisch gegart	3,0 mg/100 g	27,0 kcal/100 g
Rettich frisch	3,0 mg/100 g	13,6 kcal/100 g
Gemüseparika grün frisch	3,0 mg/100 g	20,3 kcal/100 g
Gemüseparika rot Konserve	3,0 mg/100 g	23,4 kcal/100 g
Tomaten Gemüsesaft	3,0 mg/100 g	14,6 kcal/100 g
Radieschen frisch	3,0 mg/100 g	14,6 kcal/100 g
Himbeere Fruchtnektar	3,0 mg/100 g	56,2 kcal/100 g
Hartkäse Vollfettstufe	3,0 mg/100 g	383,4 kcal/100 g
Hartkäse Dreiviertelfettstufe	3,0 mg/100 g	356,6 kcal/100 g
Zitronat (Sukkade)	3,0 mg/100 g	292,5 kcal/100 g
Hartkäse Rahmstufe	3,0 mg/100 g	406,1 kcal/100 g
Erdbeerkonfitüre	3,0 mg/100 g	267,9 kcal/100 g
Trappisten Vollfettstufe	3,0 mg/100 g	338,4 kcal/100 g
Butterkäse	3,0 mg/100 g	298,8 kcal/100 g
Edelpilzkäse	3,0 mg/100 g	303,5 kcal/100 g
Hartkäse	3,0 mg/100 g	294,7 kcal/100 g
Karottensalat Sauerkonserve	3,0 mg/100 g	20,1 kcal/100 g
Esrom Vollfettstufe	3,0 mg/100 g	313,6 kcal/100 g
Biskuitrolle	3,0 mg/100 g	272,9 kcal/100 g
Tilsiter	3,0 mg/100 g	354,2 kcal/100 g
Colagetränke (coffeinhaltig)	3,0 mg/100 g	60,7 kcal/100 g

Romadur Halbfettstufe	3,0 mg/100 g	178,8 kcal/100 g
Weichkäse Doppelrahmstufe	3,0 mg/100 g	362,6 kcal/100 g
Schnittkäse halbfest	3,0 mg/100 g	291,1 kcal/100 g
Weichkäse Halbfettstufe	3,0 mg/100 g	178,5 kcal/100 g
Mozarella	3,0 mg/100 g	254,8 kcal/100 g
Brandteig	3,0 mg/100 g	201,5 kcal/100 g
Gouda	3,0 mg/100 g	365,0 kcal/100 g
Weichkäse Rahmstufe	3,0 mg/100 g	311,9 kcal/100 g
Weichkäse Vollfettstufe	3,0 mg/100 g	275,3 kcal/100 g
Obst, Kompott (R)	3,0 mg/100 g	106,8 kcal/100 g
Weichkäse 70% F.i.Tr.	3,0 mg/100 g	408,0 kcal/100 g
Weichkäse Fettstufe	3,0 mg/100 g	267,0 kcal/100 g
Weichkäse Dreiviertelfettstufe	3,0 mg/100 g	209,1 kcal/100 g
Klosterkäse Rahmstufe	3,0 mg/100 g	342,3 kcal/100 g
Schnittkäse halbfest Fettstufe	3,0 mg/100 g	268,2 kcal/100 g
Fontina	3,0 mg/100 g	382,4 kcal/100 g
Sachertorte	3,0 mg/100 g	337,7 kcal/100 g
Krokant	3,0 mg/100 g	451,7 kcal/100 g
Orangensaft mit Süßstoff	3,0 mg/100 g	22,5 kcal/100 g
Schnittkäse Vollfettstufe	3,0 mg/100 g	344,4 kcal/100 g
Schnittkäse Fettstufe	3,0 mg/100 g	313,1 kcal/100 g
Cheddar Rahmstufe	3,0 mg/100 g	405,1 kcal/100 g
Schnittkäse halbfest Vollfettstufe	3,0 mg/100 g	291,1 kcal/100 g
Schnittkäse Dreiviertelfettstufe	3,0 mg/100 g	255,7 kcal/100 g
Schnittkäse	3,0 mg/100 g	354,2 kcal/100 g
Edamer	3,0 mg/100 g	354,2 kcal/100 g
Schnittkäse halbfest Dreiviertelfettstufe	3,0 mg/100 g	242,1 kcal/100 g
Rote Grütze (R)	3,0 mg/100 g	80,7 kcal/100 g
Weichkäse	3,0 mg/100 g	275,3 kcal/100 g
Schnittkäse Rahmstufe	3,0 mg/100 g	356,6 kcal/100 g
Multi-Vitamin-Nektar mit Süßstoff	3,0 mg/100 g	31,5 kcal/100 g
Brie Rahmstufe	3,0 mg/100 g	335,3 kcal/100 g
Camembert	3,0 mg/100 g	287,8 kcal/100 g
Sahne-Frucht-Eis (R)	3,0 mg/100 g	193,2 kcal/100 g
Grießbrei (R)	2,7 mg/100 g	124,8 kcal/100 g
Gebundene Suppe (R)	2,6 mg/100 g	41,2 kcal/100 g
Eierpfannkuchen (R)	2,6 mg/100 g	172,2 kcal/100 g
Blattsalat mit Öl (R)	2,6 mg/100 g	86,8 kcal/100 g
Nudelsuppe (R)	2,6 mg/100 g	32,9 kcal/100 g
Käsesalat (R)	2,6 mg/100 g	268,9 kcal/100 g
Eis mit Früchten, Sahne und Alkohol (R)	2,6 mg/100 g	139,3 kcal/100 g
Pfannkuchen süß (R)	2,6 mg/100 g	193,5 kcal/100 g
Tomatensalat (R)	2,5 mg/100 g	102,4 kcal/100 g
Grundsoße mit Senf (R)	2,4 mg/100 g	53,1 kcal/100 g
Gurkensalat (R)	2,1 mg/100 g	23,8 kcal/100 g
Blattsalate mit Joghurt (R)	2,1 mg/100 g	26,8 kcal/100 g
Quarkspeise roh mit Früchten (R)	2,1 mg/100 g	178,2 kcal/100 g
Mehlmischung für Brot glutenfrei	2,0 mg/100 g	349,2 kcal/100 g
Konfitüre/Marmelade mitZuckeraustauschstoff undSüßstoff	2,0 mg/100 g	69,1 kcal/100 g
Bowle Punsch	2,0 mg/100 g	108,0 kcal/100 g
Cornichons Sauerkonserve	2,0 mg/100 g	12,0 kcal/100 g
Cola Mix	2,0 mg/100 g	44,9 kcal/100 g
Gewürzgurken Sauerkonserve	2,0 mg/100 g	12,0 kcal/100 g
Fruchteis	2,0 mg/100 g	131,7 kcal/100 g
Hühnerei frisch	2,0 mg/100 g	154,4 kcal/100 g
Waffeln	2,0 mg/100 g	554,0 kcal/100 g
Quark mit Früchten	2,0 mg/100 g	103,3 kcal/100 g
Hühnerei frisch gegart	2,0 mg/100 g	148,7 kcal/100 g
Gelee einfach	2,0 mg/100 g	280,1 kcal/100 g
Konfitüre einfach	2,0 mg/100 g	279,6 kcal/100 g
Hühnerei Eigelb	2,0 mg/100 g	348,7 kcal/100 g
Marmelade	2,0 mg/100 g	279,6 kcal/100 g

Pralinen gefüllt mit Alkohol	2,0 mg/100 g	387,2 kcal/100 g
Fruchtmischung-Kanditen	2,0 mg/100 g	263,6 kcal/100 g
Cremetorte	2,0 mg/100 g	316,2 kcal/100 g
Schokolade gefüllt mit Sonstigem	2,0 mg/100 g	346,3 kcal/100 g
Cocktail-Kirsche	2,0 mg/100 g	264,8 kcal/100 g
Buttercremetorte aus Biskuitmasse	2,0 mg/100 g	316,2 kcal/100 g
Frankfurter Kranz aus Sandmasse	2,0 mg/100 g	363,5 kcal/100 g
Kirsche kandiert	2,0 mg/100 g	264,8 kcal/100 g
Ricotta Doppelrahmstufe	2,0 mg/100 g	174,2 kcal/100 g
Johannisbeere rot Konfitüre	2,0 mg/100 g	272,0 kcal/100 g
Johann. schwarz Konfitüre	2,0 mg/100 g	277,2 kcal/100 g
Heidelbeere Konfitüre	2,0 mg/100 g	271,5 kcal/100 g
Stachelbeere Konfitüre	2,0 mg/100 g	272,2 kcal/100 g
Orange Konfitüre	2,0 mg/100 g	273,4 kcal/100 g
Gartenkürbis frisch	2,0 mg/100 g	13,4 kcal/100 g
Preiselbeere Konfitüre	2,0 mg/100 g	270,3 kcal/100 g
Kiwi Konfitüre	2,0 mg/100 g	278,7 kcal/100 g
Brombeere Konfitüre	2,0 mg/100 g	267,2 kcal/100 g
Obstmischung Konfitüre	2,0 mg/100 g	273,9 kcal/100 g
Aprikose Konfitüre	2,0 mg/100 g	271,7 kcal/100 g
Konfitüre Gelee Marmeladen	2,0 mg/100 g	279,6 kcal/100 g
Rhabarber frisch	2,0 mg/100 g	13,1 kcal/100 g
Sauerkirsche Fruchtnektar	2,0 mg/100 g	60,9 kcal/100 g
Himbeere Konfitüre	2,0 mg/100 g	268,6 kcal/100 g
Mirabelle Konfitüre	2,0 mg/100 g	279,9 kcal/100 g
Sauerkirsche Konfitüre	2,0 mg/100 g	277,2 kcal/100 g
Blattsalat mit Dressing (R)	1,9 mg/100 g	79,1 kcal/100 g
Quarkauflauf mit Äpfel (R)	1,9 mg/100 g	136,9 kcal/100 g
Eier in Senfsauce (R)	1,8 mg/100 g	124,0 kcal/100 g
Rühreier (R)	1,8 mg/100 g	216,3 kcal/100 g
Grundsoße weiß (R)	1,7 mg/100 g	49,7 kcal/100 g
Spiegeleier (R)	1,6 mg/100 g	257,8 kcal/100 g
Klare Suppe mit Einlage (R)	1,6 mg/100 g	10,0 kcal/100 g
Eiersalat (R)	1,6 mg/100 g	208,4 kcal/100 g
Omelett (R)	1,5 mg/100 g	181,7 kcal/100 g
Schokoladensoße (R)	1,4 mg/100 g	122,5 kcal/100 g
Eis mit Früchten (R)	1,3 mg/100 g	154,5 kcal/100 g
Zaziki (R)	1,1 mg/100 g	57,9 kcal/100 g
Fruchtsaftgetränke	1,0 mg/100 g	47,3 kcal/100 g
Sorbet	1,0 mg/100 g	138,9 kcal/100 g
Johannisbeere rot Fruchtnektar	1,0 mg/100 g	67,4 kcal/100 g
Baumkuchen	1,0 mg/100 g	426,9 kcal/100 g
Käsesahnetorte	1,0 mg/100 g	208,9 kcal/100 g
Trinkmilch mit Kakao/Schokolade	1,0 mg/100 g	130,7 kcal/100 g
Johannisbeere schwarz Fruchtnektar	1,0 mg/100 g	70,3 kcal/100 g
Kartoffelstärke Mehl	1,0 mg/100 g	341,1 kcal/100 g
Brot dunkl mit Johannisbrotkernmehl eiweißarm glutenfrei	1,0 mg/100 g	221,8 kcal/100 g
Cocktails	1,0 mg/100 g	141,3 kcal/100 g
Weinschaumsoße (R)	0,9 mg/100 g	158,2 kcal/100 g
Weincreme (R)	0,9 mg/100 g	279,1 kcal/100 g
Quarkspeisen, Joghurt (R)	0,9 mg/100 g	119,4 kcal/100 g
Spargelcremesuppe (R)	0,9 mg/100 g	30,3 kcal/100 g
Mokkacreme (R)	0,8 mg/100 g	115,4 kcal/100 g
Eis mit Sahne (R)	0,7 mg/100 g	194,6 kcal/100 g
Eis, Sorbet (R)	0,5 mg/100 g	163,4 kcal/100 g
Vanilleeis (R)	0,3 mg/100 g	169,3 kcal/100 g
Mayonnaise (R)	0,3 mg/100 g	789,3 kcal/100 g
Vanillesoße (R)	0,2 mg/100 g	94,2 kcal/100 g
Götterspeise (R)	0,1 mg/100 g	57,9 kcal/100 g

Ernährungsplan bei Hyperurikämie und Gicht – purinarme/harnsäurearme Kost (Berechnung nach 1)

===
Gesamtanalyse eines Ernährungsplanes
===

Lebensmittel	Menge	Energie

FRÜHSTÜCK

Brötchen mit Ölsamen	120 g	316,6 kcal
Margarine Linolsäure >50%	10 g	70,9 kcal
Erdbeerkonfitüre	20 g	53,6 kcal
Edamer	25 g	88,6 kcal
Kaffee (Getränk)	300 g	6,5 kcal
Kuhmilch Trinkmilch fettarm	30 g	14,6 kcal

Zwischenanalyse: 550,7 kcal (26 %) Kohlenhydrate: 74,0 g (25 %)

1. ZWISCHENMAHLZEIT

Banane frisch	130 g	123,7 kcal
Natürliches Mineralwasser mit Kohlensäure	300 g	0,0 kcal

Zwischenanalyse: 123,7 kcal (6 %) Kohlenhydrate: 27,8 g (9 %)

MITTAGESSEN

Pellkartoffeln (R)	200 g	140,5 kcal
Broccoli frisch gegart	250 g	58,0 kcal
Quark Magerstufe	100 g	75,3 kcal
Kräutermischung	20 g	9,0 kcal
Zwiebeln frisch	50 g	14,0 kcal
Rote Grütze (R)	150 g	121,1 kcal
Natürliches Mineralwasser mit Kohlensäure	300 g	0,0 kcal
Apfel Fruchtsaft	200 g	98,9 kcal

Zwischenanalyse: 516,8 kcal (25 %) Kohlenhydrate: 87,4 g (30 %)

2. ZWISCHENMAHLZEIT

Obstkuchen aus Hefeteig fettarm	100 g	144,4 kcal
Kaffee (Getränk)	300 g	6,5 kcal
Kuhmilch Trinkmilch fettarm	30 g	14,6 kcal

Zwischenanalyse: 165,4 kcal (8 %) Kohlenhydrate: 27,4 g (9 %)

ABENDESSEN

Vollkornbrot mit Ölsamen	120 g	244,6 kcal
Margarine Linolsäure >50%	10 g	70,9 kcal
Tilsiter	25 g	88,6 kcal
Camembert	25 g	71,9 kcal
Orange Fruchtsaft	200 g	89,9 kcal
Natürliches Mineralwasser mit Kohlensäure	300 g	0,0 kcal
Tomaten Konserve gegart	150 g	24,7 kcal
Olivenöl	10 g	88,2 kcal

Zwischenanalyse: 678,8 kcal (32 %) Kohlenhydrate: 64,8 g (22 %)

ZWISCHENDURCH

Apfel frisch	130 g	67,4 kcal
Natürliches Mineralwasser mit Kohlensäure	300 g	0,0 kcal

Zwischenanalyse: 67,4 kcal (3 %) Kohlenhydrate: 14,9 g (5 %)

===

Ergebnis

===

Inhalts- stoff	analysierte Werte
Energie	2102,8 kcal
Purin N	**167,3 mg**
Harnsäure	**507,4 mg**
Wasser	3394,9 g
Eiweiß	76,1 g(15%)
Fett	61,4 g(26%)
Kohlenhy.	296,3 g(58%)
Ballastst.	39,7 g
Alkohol	2,0 g(1%)
mf. ung. FS	16,3 g
Cholest.	79,9 mg
Vit. A	1118,0 µg
Carotin	4,4 mg
Vit. E	13,5 mg
Vit. B1	1,3 mg
Vit. B2	1,8 mg
Vit. B6	2,3 mg
Folsäure	198,1 µg
Vit. C	346,9 mg
Natrium	2139,5 mg
Kalium	4648,5 mg
Calcium	1733,4 mg
Magnesium	591,0 mg
Phosphor	1600,3 mg
Eisen	17,2 mg
Zink	12,4 mg

1)   Bundeslebensmittelschlüssel (BLS II.3), Bundesinstitut für gesundheitlichen Verbraucherschutz und Veterinärmedizin (BgVV), Berlin, Juni 1999

Harnsäurekonzentrationen als Grenzwerte für Hyperurikämie (nach Drynda/Scherbaum 1999)

o Männer: > 7,0 mg/dl (= 420 µmol/l)

o Frauen: > 6,2 mg/dl (= 360 µmol/l), > 7,0 mg/dl bei Frauen (ab Eintritt Menopause)
((Kasten- und Aufzählungsende))